Oltre l'Orizzonte
Un Viaggio nell'Infinito dell'Universo e della Mente
Eng. Das Warhe

Eng. Das Warhe, 2024
Tutti i diritti riservati.
E' consentita la riproduzione solo ai fini didattici e non commerciali, a condizione che venga citata la fonte
Aprile 2024

Tabella dei Contenuti

Sommario 6

Introduzione: Esplorando l'Infinito dell'Universo e della Mente Umana 14

Capitolo 1: Viaggio nell'Infinito Cosmico 18

   Le Galassie: Universi in Miniatura 18

   La Via Lattea: La Nostra Galassia a Spirale 19

   Le Stelle: Fornaci Celesti di Luce e Vita 19

   I Pianeti: Mondi da Esplorare 20

   I Buchi Neri: Portali dell'Infinito 21

   Conclusione 21

Capitolo 2: Oltre il Tempo e lo Spazio 23

   Il Concetto di Tempo: Un'illusione Persistente 23

   La Teoria della Relatività Generale: Curvatura dello Spazio e del Tempo 24

   La Fisica Quantistica: Dove il Tempo si Sbatte contro il Muro dell'Indeterminazione 25

   Le Implicazioni Filosofiche: La Natura dell'Esistenza e della Realtà 26

   Conclusione 27

Capitolo 3: Profondità della Coscienza 28

   L'Esperienza Soggettiva: Il Teatro della Coscienza 28

   La Filosofia della Coscienza: L'Enigma dell'Essere 29

Neuroscienza della Coscienza: Alla Scoperta dei Circuiti Neurali 30

La Consapevolezza e il Sé: L'Intreccio della Coscienza 31

Conclusione 32

Capitolo 4: Realtà Virtuale e Illusioni Mentali 33

La Realtà Virtuale: Sogni e Realtà Intrecciati 34

Illusioni Ottiche: Quando gli Occhi Ingannano la Mente 34

I Bias Cognitivi: Quando la Mente Si Auto-Inganna 35

La Filosofia della Realtà: Alla Ricerca della Verità 36

Conclusione 37

Capitolo 5: Alla Ricerca della Vita Extraterrestre 38

La Significatività dell'Esplorazione Spaziale: Il Viaggio verso l'Ignoto 39

Gli Esopianeti: Mondi Potenzialmente Abitabili 39

La Ricerca di Segni di Vita: Dalla Chimica alla Biologia 40

La Significatività Filosofica della Ricerca di Vita Extraterrestre: Riflessioni sull'Umanità e il Cosmo 41

Conclusione 42

Capitolo 6: Misteri dell'Esistenza 43

La Domanda del Perché: Alla Ricerca di Significato nell'Esistenza Umana 44

Il Viaggio Interiore: Alla Scoperta del Sé Profondo 44

La Realtà dell'Essere: Oltre le Apparenze Superficiali 45

La Domanda dell'Uno e del Tutto: Il Mistero dell'Universo ..46

Conclusione 46

Capitolo 7: La Mente Creativa 48

La Fonte della Creatività: Nascita dell'Idea Creativa 49

La Psicologia della Creatività: I Processi Mentali dietro all'Innovazione 49

L'Arte della Creatività: Espressione e Innovazione 50

La Filosofia della Creatività: Esplorare le Frontiere dell'Immaginazione 51

Conclusione 51

Capitolo 8: Conoscenza e Ignoranza 53

La Sfida della Conoscenza: Navigare nel Mare dell'Incognita 53

La Natura dell'Ignoranza: Esplorare i Limiti della Comprensione Umana 54

Le Illusioni della Conoscenza: Esplorare le Trappole della Certezza 55

La Paradosso dell'Ignoranza Illuminata: La Consapevolezza della Nostra Ignoranza 55

Conclusione 56

Capitolo 9: La Bellezza dell'Arte 58

L'Espressione dell'Anima: Arte come Veicolo di Emozioni e Pensieri 59

La Meraviglia della Creatività: L'Arte come Atto di Innovazione e Scoperta 59

L'Arte come Riflesso della Natura: Esplorare la Bellezza del Mondo Naturale 60

La Bellezza come Portale alla Trascendenza: L'Arte come Esperienza Spirituale 61

Conclusione 61

Capitolo 10: Il Potere della Compassione 63

La Natura della Compassione: L'Espressione dell'Amore Universale 63

La Compassione come Forza Trasformatrice: Il Potere dell'Altruismo e della Solidarietà 64

La Compassione nella Pratica Spirituale: Il Cuore come Centro della Saggezza 65

La Compassione come Cammino verso la Saggezza: Imparare dall'Esperienza degli Altri 65

Conclusione 66

Conclusione: Il Trionfo dell'Esplorazione 67

Sommario

Nel libro "Oltre l'Orizzonte: Un Viaggio nell'Infinito dell'Universo e della Mente", ci immergiamo in un'avventura epica attraverso l'infinito dell'universo esterno e della complessità della mente umana. Attraverso una combinazione avvincente di narrazione scientifica e riflessioni filosofiche, esploreremo i misteri più profondi dell'esistenza e ci avventureremo in mondi sconosciuti sia nel cosmo che nella psiche umana.

Introduzione: Esplorando l'Infinito dell'Universo e della Mente Umana

Nell'introduzione del libro, ci addentriamo nell'essenza dell'esplorazione dell'universo e della mente umana. Attraverso un viaggio di scoperta e meraviglia, ci prepariamo ad affrontare i grandi misteri che ci attendono, sia nell'immensità dello spazio siderale che nelle profondità della coscienza umana. Come afferma Carl Sagan, "Siamo fatti di materia stellare. Siamo una via per cui l'universo conosce se stesso."

Capitolo 1: Viaggio nell'Infinito Cosmico

In questo capitolo, ci immergiamo nelle meraviglie dell'universo esterno. Esploriamo le galassie lontane, la nostra Via Lattea, le stelle scintillanti e i misteriosi buchi neri. Come dice Carl Sagan, "La Terra è solo un granello di polvere sospeso in un raggio di sole", e ciò ci spinge a contemplare l'immensità dell'universo che ci circonda.

Capitolo 2: Oltre il Tempo e lo Spazio

Attraverso una lente filosofica e scientifica, esaminiamo il concetto di tempo e spazio. Dalla teoria della relatività di Einstein alla fisica quantistica, scopriamo le implicazioni di un universo dove il tempo è relativo e lo spazio è distorto. Come afferma Einstein, "Il passato, il presente e il futuro sono solo un'illusione, sebbene siano una persistente", portandoci a riflettere sulla natura dell'esistenza e della realtà stessa.

Capitolo 3: Profondità della Coscienza

Scaviamo nelle profondità della mente umana e della coscienza, esplorando l'esperienza soggettiva e la percezione. Dalla filosofia alla neuroscienza, cerchiamo di comprendere il mistero dell'essere cosciente. Come ci ricorda René Descartes, "Penso, quindi sono", sottolineando il nucleo della nostra esistenza e della nostra consapevolezza.

Capitolo 4: Realtà Virtuale e Illusioni Mentali

Indaghiamo sulle possibilità della realtà virtuale e delle illusioni mentali, esplorando come la mente umana possa essere ingannata e manipolata. Attraverso esempi e studi di casi, esaminiamo i confini della nostra percezione della realtà. Come afferma Philip K. Dick, "La realtà è quella cosa che, quando smetti di crederci, non scompare", facendoci riflettere sulla natura mutevole della realtà.

Capitolo 5: Alla Ricerca della Vita Extraterrestre

Esaminiamo le possibilità della vita extraterrestre e l'esplorazione degli esopianeti. Attraverso la ricerca astronomica e astrobiologica, esploriamo le condizioni necessarie per la vita nell'universo e le strategie per cercare segni di vita al di là della Terra. Come ci ricorda Carl Sagan, "Nel cosmo ci sono più stelle che grani di sabbia su tutte le spiagge della Terra", spingendoci a mantenere una mente aperta verso le possibilità dell'universo.

Capitolo 6: Misteri dell'Esistenza

Affrontiamo le domande fondamentali sull'esistenza umana e il significato della vita. Attraverso una combinazione di riflessioni filosofiche e spirituali, esploriamo i misteri dell'esistenza e il nostro posto nell'universo. Come ci ricorda Hermann Hesse, "Ogni uomo è un universo in sé, ma la società lo fa credere che sia soltanto un anello della catena", invitandoci a contemplare la nostra unicità nell'infinità dell'universo.

Capitolo 7: La Mente Creativa

Esploriamo la natura della creatività e dell'innovazione attraverso una lente psicologica e filosofica. Attraverso esempi storici e studi contemporanei, esploriamo i processi mentali che sottendono alla creatività e alla generazione di nuove idee. Come ci ispira Pablo Picasso, "Ogni bambino è un artista. Il problema è rimanere un artista quando si cresce", incoraggiandoci a coltivare la nostra creatività interiore.

Capitolo 8: Conoscenza e Ignoranza

Esaminiamo il concetto di conoscenza e ignoranza, esplorando le sfide della nostra ricerca di verità nell'universo. Attraverso riflessioni filosofiche e studi di caso storici, esploriamo i limiti della nostra comprensione e la natura dell'ignoranza umana. Come ci ricorda Socrate, "So di non sapere nulla", riconosciamo l'umiltà necessaria nella ricerca della conoscenza

Capitolo 9: La Bellezza dell'Arte

Celebriamo il potere dell'arte e della creatività umana nell'esplorare l'universo interiore ed esteriore. Attraverso esempi di arte, musica, letteratura e altro ancora, esploriamo il modo in cui l'arte ci aiuta a dare significato al mondo che ci circonda. Come ci ricorda Leonardo da Vinci, "La bellezza risiede negli occhi di chi guarda", invitandoci a contemplare la bellezza che ci circonda.

Capitolo 10: Il Potere della Compassione

Esploriamo il ruolo della compassione e dell'amore nel nostro viaggio attraverso l'universo e nella nostra comprensione della mente umana. Attraverso esempi di altruismo e solidarietà, esploriamo come la compassione possa essere una forza trasformatrice nel mondo. Come ci ricorda Dalai Lama, "Il nostro vero viaggio nella vita è verso il basso, nel cuore", incoraggiandoci a diffondere amore e gentilezza in tutto ciò che facciamo.

Conclusione: Il Trionfo dell'Esplorazione

Nella conclusione del libro, riflettiamo sul viaggio epico che abbiamo intrapreso attraverso l'infinito dell'universo e della mente umana. Ci rendiamo conto che, nonostante tutte le nostre scoperte e le nostre esperienze, rimane ancora tanto da esplorare e da capire. Con una frase potente e ispiratrice, come quella di Albert

Einstein, "L'immaginazione è più importante della conoscenza", ci ricordiamo che il nostro viaggio non è mai veramente finito, poiché la ricerca della conoscenza e della comprensione continua ad alimentare la nostra mente e il nostro spirito.

Introduzione: Esplorando l'Infinito dell'Universo e della Mente Umana

Nell'oscurità del cosmo e nei recessi più profondi della nostra mente, si celano misteri che sfidano la nostra comprensione e alimentano la nostra curiosità senza fine. Benvenuti in "Oltre l'Orizzonte", un viaggio epico che ci porterà attraverso l'infinito dell'universo e della mente umana, alla scoperta delle meraviglie che ci attendono al di là dei confini della nostra comprensione.

In questo libro, ci impegneremo a esplorare due dei più grandi enigmi dell'umanità: l'universo esterno e l'universo interiore della mente umana. Attraverso una fusione di scienza, filosofia e immaginazione, ci addentreremo nei misteri che si celano al di là delle stelle e dei pensieri, affrontando domande millenarie e cercando risposte che ci sfuggono da secoli.

L'importanza di esplorare l'universo e la mente umana non può essere sottovalutata. Siamo creature intrinsecamente curiose, desiderose di capire il nostro posto nell'infinito schema delle cose. L'universo esterno, con le sue galassie lontane, i pianeti sconosciuti e le leggi misteriose che lo governano, ci offre una finestra sulle meraviglie della natura e la complessità dell'esistenza. Esplorare l'universo è un atto di scoperta e di auto-conoscenza, un modo per ampliare i nostri orizzonti e approfondire la nostra comprensione del mondo che ci circonda.

Ma l'universo esterno è solo una parte dell'equazione. La mente umana, con la sua complessità e la sua capacità di auto-riflessione, è altrettanto affascinante e misteriosa. Attraverso la nostra mente, possiamo esplorare mondi di pensiero e immaginazione, scoprendo verità nascoste e creando nuovi mondi di possibilità. Esplorare la mente umana è un viaggio verso l'essenza stessa dell'umanità, un'occasione per capire chi siamo e cosa possiamo diventare.

Nel corso di questo libro, esamineremo una vasta gamma di temi e concetti legati all'universo e alla mente umana. Esploreremo l'infinità dello spazio cosmico, discutendo di galassie lontane, buchi neri, materia oscura e altre meraviglie dell'universo. Esamineremo anche i misteri della fisica quantistica, del tempo e dello spazio, e le loro implicazioni per la nostra comprensione della realtà.

Ma non ci limiteremo all'universo esterno. Esploreremo anche l'universo interiore della mente umana, esaminando la natura della coscienza, della percezione e della conoscenza. Esploreremo i confini della realtà e la natura dell'esistenza stessa, cercando di capire cosa significa essere umani in un universo infinito.

Per guidarci in questo viaggio, ci avvarremo delle parole di saggezza dei grandi pensatori e filosofi del passato e del presente. Come disse una volta Albert Einstein, "l'immaginazione è più importante della conoscenza, perché la conoscenza è limitata, mentre l'immaginazione abbraccia il mondo intero, stimolando il progresso, dando vita alla vita stessa". Con queste parole in mente, ci prepariamo a intraprendere un viaggio che ci porterà oltre i limiti della nostra immaginazione e ci farà scoprire meraviglie che superano di gran lunga le nostre più audaci fantasie.

Preparatevi, dunque, a sollevare lo sguardo al cielo stellato e a immergervi nell'infinito dell'universo e della mente umana. Il viaggio di scoperta sta per cominciare, e le meraviglie che ci attendono sono più grandi di quanto possiamo immaginare. Buon viaggio, esploratori dell'infinito!

Capitolo 1: Viaggio nell'Infinito Cosmico

Nell'oscurità profonda dello spazio infinito, tra le stelle che punteggiano l'immensità del cosmo, si cela un universo di meraviglie e misteri che attendono di essere scoperti. In questo primo capitolo del nostro viaggio attraverso "Oltre l'Orizzonte", ci addentriamo nelle profondità dell'universo esterno, esplorando le galassie lontane, i sistemi solari remoti e le forze misteriose che plasmano il tessuto stesso della realtà.

Le Galassie: Universi in Miniatura

Immagina di sollevare lo sguardo verso il cielo notturno, di guardare oltre le stelle familiari della Via Lattea e di contemplare l'infinità delle galassie che si estendono all'infinito. Ogni galassia è un universo in miniatura, con miliardi di stelle, pianeti e altre strutture cosmiche che danzano nello spazio interstellare. Attraverso telescopi potenti e sonde spaziali audaci, l'umanità ha iniziato a esplorare la vastità del cosmo, scoprendo galassie che si estendono per miliardi di anni luce, alcune delle quali risalenti all'alba del tempo stesso.

La Via Lattea: La Nostra Galassia a Spirale

Nel cuore del nostro universo locale si trova la Via Lattea, la nostra galassia a spirale madre. Conosciuta per la sua bellezza iconica e la sua complessità strutturale, la Via Lattea è la nostra casa cosmica, un sistema solare tra miliardi di altri. Attraverso osservazioni astronomiche e simulazioni computerizzate, gli scienziati hanno mappato le molteplici braccia della Via Lattea, le sue nubi di gas e polveri, e i suoi centri di formazione stellare.

Le Stelle: Fornaci Celesti di Luce e Vita

Le stelle sono le fornaci celesti dell'universo, dove elementi più leggeri vengono fusi insieme per formare elementi più pesanti, generando luce e calore nel processo. Ogni stella è unica, con la sua massa, temperatura e luminosità, e ognuna gioca un ruolo cruciale nella tessitura del cosmo. Dalle giganti rosse agli nani bianchi, dalle stelle di neutroni ai buchi neri, l'universo è popolato da una varietà stupefacente di stelle e sistemi stellari.

I Pianeti: Mondi da Esplorare

Oltre alle stelle, l'universo ospita una miriade di pianeti, ciascuno con la sua storia e le sue caratteristiche uniche. Dalle rocce aride dei pianeti terrestri ai gas giganti delle zone esterne del sistema solare, i pianeti offrono un'infinità di opportunità per l'esplorazione e la scoperta. Attraverso missioni spaziali come Voyager, Cassini e New Horizons, abbiamo iniziato a esplorare i pianeti del nostro sistema solare e oltre, aprendo nuovi orizzonti nell'esplorazione dello spazio.

I Buchi Neri: Portali dell'Infinito

Ma tra le meraviglie dell'universo si celano anche i suoi misteri più profondi, tra cui i buchi neri, enigmatiche regioni dello spazio dove la gravità è così intensa da piegare lo stesso tessuto dello spazio-tempo. I buchi neri sono il destino finale delle stelle massicce che esauriscono il loro carburante nucleare, collassando su se stesse e formando un punto di gravità così forte da intrappolare persino la luce. Queste regioni dell'universo sono tra le più misteriose e affascinanti, e la loro comprensione è ancora oggetto di intensa ricerca e speculazione scientifica.

Conclusione

In questo primo capitolo del nostro viaggio nell'infinito cosmico, abbiamo solo grattato la superficie delle meraviglie e dei misteri che ci attendono al di là dell'orizzonte celeste. Dalle galassie lontane ai buchi neri enigmatici, l'universo offre un'infinità di opportunità per l'esplorazione e la scoperta, e il nostro viaggio appena cominciato è solo l'inizio di un'avventura che ci porterà oltre i confini della nostra immaginazione. Come disse una volta Carl Sagan, "La Terra è solo un granello di polvere sospeso in un raggio di sole", eppure, in questo granello di polvere, troviamo un universo di meraviglie e misteri che ci aspettano di essere scoperti. Continua a leggere e preparati ad essere trasportato nelle profondità dell'infinito cosmico.

Capitolo 2: Oltre il Tempo e lo Spazio

Nell'infinità dell'universo, il concetto di tempo e spazio assume una dimensione completamente diversa da quella che sperimentiamo nel nostro quotidiano. In questo capitolo, ci immergiamo nelle profondità della relatività e della fisica quantistica, esplorando le implicazioni di un universo dove il tempo è relativo e lo spazio è distorto. Attraverso una combinazione di riflessioni filosofiche e concetti scientifici avanzati, cercheremo di gettare luce sui misteri che circondano la natura del tempo e dello spazio.

Il Concetto di Tempo: Un'illusione Persistente

Per secoli, gli esseri umani hanno considerato il tempo come una costante universale, fluendo inesorabilmente dal passato al presente e al futuro. Tuttavia, con l'avvento della teoria della relatività di Albert

Einstein, la nostra concezione del tempo è stata rivoluzionata. Secondo la teoria della relatività ristretta, il tempo è relativo alla velocità e alla gravità, dilatandosi o contrarsi a seconda delle circostanze. Questo concetto, espresso dall'equazione di Einstein $E=mc^2$, ha sconvolto le fondamenta della fisica classica, suggerendo che il tempo non è una freccia unidirezionale, ma piuttosto una dimensione flessibile e fluida.

La Teoria della Relatività Generale: Curvatura dello Spazio e del Tempo

Ma non è solo il tempo a essere sottoposto alla teoria della relatività di Einstein; lo spazio stesso è soggetto a un'analisi rigorosa. Secondo la teoria della relatività generale, lo spazio e il tempo sono intrecciati in un'unica entità chiamata spazio-tempo, e la presenza di materia e energia curva questa entità, creando ciò che noi percepiamo come forza di gravità. Questa idea di curvatura dello spazio e del tempo ha aperto la strada a concetti come i buchi neri e le onde gravitazionali, suggerendo che la realtà che percepiamo potrebbe essere solo una rappresentazione parziale della verità più profonda.

La Fisica Quantistica: Dove il Tempo si Sbatte contro il Muro dell'Indeterminazione

Ma se la relatività ci ha insegnato che il tempo è flessibile e lo spazio è curvo, la fisica quantistica ci ha mostrato un'altra faccia della medaglia, dove il tempo e lo spazio si dissolvono nel tessuto della realtà. Secondo i principi della meccanica quantistica, il tempo non è una grandezza definita, ma piuttosto una variabile che può essere misurata solo in relazione ad altre grandezze, come l'energia e la posizione. Inoltre, il principio di indeterminazione di Heisenberg suggerisce che non possiamo mai conoscere esattamente la posizione e la velocità di una particella in un dato momento, creando un'incertezza fondamentale nel nostro tentativo di comprendere il tempo e lo spazio a livello microscopico.

Le Implicazioni Filosofiche: La Natura dell'Esistenza e della Realtà

Davanti a queste teorie rivoluzionarie, ci troviamo di fronte a domande filosofiche fondamentali sulla natura dell'esistenza e della realtà stessa. Se il tempo è relativo e lo spazio è distorto, cosa significa per la nostra percezione della realtà? Se il passato, il presente e il futuro sono solo un'illusione persistente, quale è il nostro ruolo nell'universo? Queste sono domande che hanno affascinato filosofi e pensatori per secoli, e la loro comprensione potrebbe essere fondamentale per la nostra comprensione del nostro posto nell'infinito tessuto dello spazio e del tempo.

Conclusione

In questo capitolo, abbiamo esplorato le profondità del concetto di tempo e spazio, da Einstein alla fisica quantistica, riflettendo sulle implicazioni filosofiche di queste teorie rivoluzionarie. Come disse una volta Albert Einstein, "Il passato, il presente e il futuro sono solo un'illusione, sebbene siano una persistente", eppure, in quest'illusione persistente, troviamo un universo di meraviglie e misteri che ci aspettano di essere scoperti. Continua a leggere e preparati ad essere trasportato nelle profondità dell'infinito cosmico e della nostra comprensione della realtà stessa.

Capitolo 3: Profondità della Coscienza

Nel labirinto della mente umana, la coscienza è la luce che ci guida attraverso le tenebre dell'ignoto. In questo capitolo, ci immergeremo nelle profondità della coscienza, esplorando la natura dell'esperienza soggettiva e della percezione. Attraverso una fusione di psicologia, neuroscienza e filosofia della mente, ci addentreremo nei meandri della nostra coscienza, cercando di gettare luce su uno dei misteri più antichi e affascinanti dell'umanità.

L'Esperienza Soggettiva: Il Teatro della Coscienza

Per comprendere appieno la natura della coscienza, dobbiamo iniziare con l'esperienza soggettiva, il mondo interiore di pensieri, emozioni e sensazioni che ci definisce come individui unici. Questo teatro della coscienza è il luogo in cui le nostre percezioni prendono forma, dove i nostri ricordi si intrecciano con le nostre aspettative e dove le nostre emozioni ci guidano attraverso la vita. Attraverso studi di neuroimaging e psicologia sperimentale, gli scienziati stanno iniziando a mappare i circuiti neurali che sottendono all'esperienza soggettiva, aprendo la strada a una nuova comprensione dei meccanismi che plasmano la nostra coscienza.

La Filosofia della Coscienza: L'Enigma dell'Essere

Ma la coscienza è più di una semplice esperienza soggettiva; è anche un enigma filosofico che ha affascinato pensatori per secoli. Da Platone a Descartes, filosofi hanno cercato di penetrare il mistero della coscienza, cercando di capire cosa significhi davvero esistere come entità coscienti. La celebre frase di René

Descartes, "Penso, quindi sono", ci invita a riflettere sulla natura della nostra esistenza, suggerendo che la coscienza è la prova stessa della nostra esistenza. Ma cosa significa davvero essere coscienti? Questa è una domanda che continua a sfidare i limiti della nostra comprensione, aprendo la strada a una ricca varietà di teorie e speculazioni.

Neuroscienza della Coscienza: Alla Scoperta dei Circuiti Neurali

Nel tentativo di svelare il mistero della coscienza, gli scienziati si sono rivolti alla neuroscienza, cercando di mappare i circuiti neurali che sottendono all'esperienza soggettiva. Attraverso studi di neuroimaging e analisi computazionali dei dati neurali, gli scienziati hanno identificato una rete di regioni cerebrali coinvolte nella coscienza, tra cui il cervello prefrontale, il sistema limbico e il talamo. Tuttavia, nonostante i progressi nella comprensione dei meccanismi neurali della coscienza, rimane ancora un profondo mistero su come queste regioni del cervello generino l'esperienza soggettiva che definisce la nostra esistenza.

La Consapevolezza e il Sé: L'Intreccio della Coscienza

Ma la coscienza va oltre l'esperienza soggettiva; include anche la consapevolezza di sé, la capacità di riflettere sulle proprie esperienze e di percepire se stessi come entità distinte all'interno dell'universo. Questa consapevolezza di sé è il fondamento della nostra identità personale, informando le nostre scelte, i nostri comportamenti e le nostre relazioni con il mondo che ci circonda. Attraverso studi di psicologia della consapevolezza e meditazione, gli scienziati stanno iniziando a comprendere meglio i meccanismi che sottendono alla consapevolezza di sé, aprendo la strada a una maggiore comprensione della natura della coscienza umana.

Conclusione

In questo capitolo, abbiamo esplorato le profondità della coscienza umana, da Platone a Descartes, dalla neuroscienza alla psicologia della consapevolezza. La coscienza rimane uno dei più grandi misteri dell'umanità, una terra inesplorata di pensieri, emozioni e sensazioni che ci definiscono come individui unici. Continua a leggere e preparati ad essere trasportato nelle profondità dell'infinito tessuto della coscienza umana, dove il mistero e la meraviglia si intrecciano in una danza eterna.

Capitolo 4: Realtà Virtuale e Illusioni Mentali

Nel vasto territorio della mente umana, esistono angoli nascosti e misteriosi dove la linea tra ciò che è reale e ciò che è illusorio diventa sfocata. In questo capitolo, ci immergeremo nelle profondità della realtà virtuale e delle illusioni mentali, esplorando le possibilità di inganno e manipolazione che la mente umana può subire. Attraverso esempi e studi di casi, cercheremo di gettare luce sui confini della nostra percezione della realtà e sulle implicazioni che questo può avere per la nostra comprensione del mondo che ci circonda.

La Realtà Virtuale: Sogni e Realtà Intrecciati

La realtà virtuale è un mondo di meraviglia e possibilità, dove le nostre fantasie più selvagge possono prendere vita di fronte ai nostri occhi. Attraverso l'uso di dispositivi come visori VR e guanti sensoriali, possiamo immergerci in mondi digitali che sembrano così reali che è difficile distinguere tra ciò che è reale e ciò che è simulato. Tuttavia, questa fusione di realtà e illusione può portare a esperienze straordinarie di trasformazione e crescita personale, aprendo la mente a nuove possibilità e prospettive che altrimenti potrebbero rimanere nascoste.

Illusioni Ottiche: Quando gli Occhi Ingannano la Mente

Ma non è solo la realtà virtuale che può ingannare la nostra percezione della realtà; le illusioni ottiche sono un altro esempio di come la mente umana possa essere facilmente ingannata. Attraverso l'uso di trucchi visivi e illusioni di prospettiva, gli artisti e gli illusionisti hanno creato opere che sfidano le nostre percezioni e ci costringono a interrogarci sulla natura della realtà stessa. Tuttavia, queste illusioni ottiche ci offrono anche un'opportunità unica per esplorare i limiti della nostra percezione e comprendere meglio i meccanismi che sottendono alla nostra esperienza visiva.

I Bias Cognitivi: Quando la Mente Si Auto-Inganna

Ma forse il più grande inganno di tutti è quello che la nostra stessa mente gioca su di noi attraverso i bias cognitivi. Questi sono dei pregiudizi mentali che influenzano la nostra percezione e il nostro giudizio, spingendoci a interpretare la realtà in modi distorti e irrazionali. Tra i più comuni bias cognitivi ci sono il bias di conferma, dove tendiamo a cercare conferma per le nostre convinzioni esistenti, e il bias di sopravvalutazione dell'efficacia, dove sovrastimiamo le nostre capacità e competenze. Questi bias possono avere un impatto significativo sulle nostre decisioni e azioni, portandoci a fare scelte irrazionali e a ignorare le evidenze contrarie alla nostra visione del mondo.

La Filosofia della Realtà: Alla Ricerca della Verità

Ma cosa significa tutto questo per la nostra comprensione della realtà stessa? La citazione di Philip K. Dick, "La realtà è quella cosa che, quando smetti di crederci, non scompare", ci invita a interrogarci sulla natura della realtà e sulla nostra percezione di essa. Se la realtà può essere manipolata e distorta, come possiamo mai conoscere la verità? Questa è una domanda che ha affascinato filosofi e pensatori per secoli, e la sua risposta potrebbe avere profonde implicazioni per la nostra comprensione del mondo che ci circonda.

Conclusione

In questo capitolo, abbiamo esplorato le profondità della realtà virtuale e delle illusioni mentali, esaminando come la mente umana possa essere ingannata e manipolata attraverso una varietà di mezzi. Dalle esperienze immersive della realtà virtuale alle illusioni ottiche che sfidano le nostre percezioni, abbiamo visto come la linea tra ciò che è reale e ciò che è illusorio possa essere facilmente sfumata. Continua a leggere e preparati ad essere trasportato nelle profondità dell'infinita complessità della mente umana, dove la realtà e l'illusione si intrecciano in una danza eterna.

Capitolo 5: Alla Ricerca della Vita Extraterrestre

Nel vasto teatro dell'universo, l'umanità ha sempre sognato di scoprire forme di vita al di là dei confini della Terra. In questo capitolo, ci immergeremo nella ricerca della vita extraterrestre, esaminando le possibilità e le sfide legate all'esplorazione degli esopianeti e alla ricerca di segni di vita nell'universo. Attraverso la ricerca astronomica e astrobiologica, cercheremo di gettare luce su uno dei più grandi misteri dell'umanità: siamo soli nell'universo?

La Significatività dell'Esplorazione Spaziale: Il Viaggio verso l'Ignoto

Fin dall'alba della civiltà, l'umanità ha alzato lo sguardo al cielo notturno, interrogandosi sulla possibilità di vita al di là dei confini della Terra. Tuttavia, è solo negli ultimi secoli che abbiamo iniziato a intraprendere un viaggio tangibile verso l'ignoto, esplorando lo spazio attraverso sonde spaziali e telescopi avanzati. L'esplorazione spaziale ci ha portato a scoprire una vasta varietà di mondi alieni, dalle lune ghiacciate di Giove ai pianeti rocciosi orbitanti attorno ad altre stelle. Queste scoperte ci hanno spinti a interrogarci sulla possibilità di vita al di fuori del nostro sistema solare, aprendo la porta a una nuova era di esplorazione e scoperta.

Gli Esopianeti: Mondi Potenzialmente Abitabili

Uno dei più grandi risultati dell'esplorazione spaziale degli ultimi decenni è stata la scoperta di migliaia di esopianeti orbitanti attorno ad altre stelle nella nostra galassia. Questi mondi alieni, che variano dalla dimensione della Terra ai giganti gassosi, offrono un'opportunità unica per la ricerca della vita extraterrestre. Attraverso la ricerca astronomica e la modellazione computerizzata, gli scienziati stanno identificando esopianeti che potrebbero avere le condizioni necessarie per sostenere la vita come la conosciamo, compresi la presenza di acqua liquida e temperature moderate. Tuttavia, trovare segni di vita su questi mondi rimane una sfida monumentale, che richiede l'uso di tecnologie avanzate e l'analisi di dati complessi.

La Ricerca di Segni di Vita: Dalla Chimica alla Biologia

Ma come possiamo cercare segni di vita al di là della Terra? Questa è la domanda che ha spinto gli scienziati a esplorare nuove frontiere nella chimica e nella biologia.

Attraverso l'uso di telescopi avanzati e strumenti di analisi molecolare, gli astrobiologi stanno cercando di identificare molecole e composti chimici che potrebbero essere indicativi di attività biologica su esopianeti distanti. Questo approccio, conosciuto come ricerca di biomarcatori, potrebbe aiutarci a individuare segni di vita anche su mondi situati al di fuori della nostra galassia, aprendo la porta a una nuova era di esplorazione interstellare.

La Significatività Filosofica della Ricerca di Vita Extraterrestre: Riflessioni sull'Umanità e il Cosmo

Ma la ricerca della vita extraterrestre non è solo una questione scientifica; ha anche profonde implicazioni filosofiche sulla nostra comprensione di noi stessi e del nostro posto nell'universo. La citazione di Carl Sagan, "Nel cosmo ci sono più stelle che grani di sabbia su tutte le spiagge della Terra", ci invita a mantenere una mente aperta di fronte all'immensità dell'universo e alla possibilità di forme di vita al di là della

Terra. Questo ci spinge a interrogarci sul significato della vita e della coscienza nell'universo, aprendo la porta a una ricca varietà di speculazioni e riflessioni su ciò che potrebbe trovarsi al di là dei confini della nostra comprensione.

Conclusione

In questo capitolo, abbiamo esplorato le profondità della ricerca della vita extraterrestre, esaminando le possibilità e le sfide legate all'esplorazione degli esopianeti e alla ricerca di segni di vita nell'universo. Dalle scoperte degli esopianeti alla ricerca di biomarcatori, abbiamo visto come la scienza stia aprendo nuove frontiere nella nostra comprensione dell'universo e del nostro posto al suo interno. Continua a leggere e preparati ad essere trasportato nelle profondità dell'infinito tessuto dell'universo, dove la vita e la meraviglia si intrecciano in una danza eterna.

Capitolo 6: Misteri dell'Esistenza

Nel profondo dell'animo umano, risiedono misteri che sfuggono alla nostra comprensione razionale, domande senza risposta che ci spingono a esplorare i confini del nostro essere e del nostro posto nell'universo. In questo capitolo, affronteremo le domande fondamentali sull'esistenza umana e il significato della vita, esplorando attraverso una combinazione di riflessioni filosofiche e spirituali i misteri che ci circondano e il nostro ruolo in questo vasto teatro cosmico.

La Domanda del Perché: Alla Ricerca di Significato nell'Esistenza Umana

Una delle domande più antiche e persistenti dell'umanità è quella del perché: perché esistiamo? Qual è il significato della nostra esistenza su questo pianeta? Queste domande ci spingono a riflettere sul nostro posto nell'universo e sulle nostre relazioni con il mondo che ci circonda. Attraverso riflessioni filosofiche e spirituali, cerchiamo di gettare luce su questi misteri, esplorando le molteplici prospettive che l'umanità ha sviluppato nel corso dei millenni.

Il Viaggio Interiore: Alla Scoperta del Sé Profondo

Ma la ricerca di significato non è solo un'esplorazione dell'universo esterno; è anche un viaggio dentro di noi stessi, alla scoperta del nostro vero sé. Attraverso pratiche spirituali come la meditazione e la contemplazione, cerchiamo di entrare in contatto con il nostro io più profondo, oltre le maschere e le identità che ci definiscono nel mondo esterno. Questo viaggio interiore ci porta ad affrontare le nostre paure, le nostre ansie e le nostre insicurezze, aprendo la strada a una maggiore comprensione di chi siamo veramente e del nostro scopo nell'universo.

La Realtà dell'Essere: Oltre le Apparenze Superficiali

Ma quanto della nostra esistenza è davvero reale? Questa è una domanda che ci spinge a esplorare le molteplici dimensioni della realtà e a interrogarci sulla natura fondamentale dell'essere. La citazione di Hermann Hesse, "Ogni uomo è un universo in sé, ma la società lo fa credere che sia soltanto un anello della catena", ci invita a riflettere sulla profondità della nostra esistenza e sulle apparenze superficiali che spesso ci ingannano. Attraverso la pratica della consapevolezza e dell'accettazione, cerchiamo di superare le illusioni della nostra mente e di entrare in contatto con la realtà ultima dell'essere.

La Domanda dell'Uno e del Tutto: Il Mistero dell'Universo

Infine, ci troviamo di fronte alla domanda più grande di tutte: qual è il legame che ci unisce all'universo? Siamo solo singole entità isolate o siamo parte di un tessuto più ampio di interconnessione e interdipendenza? Questa è una domanda che ci spinge a esplorare i confini della nostra comprensione dell'universo e del nostro ruolo in esso. Attraverso la riflessione filosofica e spirituale, cerchiamo di gettare luce su questo mistero antico, esplorando le molteplici prospettive che l'umanità ha sviluppato nel corso dei secoli.

Conclusione

In questo capitolo, abbiamo esplorato i misteri dell'esistenza umana, affrontando domande fondamentali sul significato della vita e il nostro posto nell'universo. Dalle riflessioni filosofiche sulla natura dell'essere alle pratiche spirituali volte a esplorare il nostro sé interiore, abbiamo cercato di gettare luce su questi misteri antichi che continuano a sfidare la nostra comprensione. Continua a leggere e preparati ad essere trasportato nelle profondità dell'infinita complessità dell'esistenza umana, dove il mistero e la meraviglia si intrecciano in una danza eterna.

Capitolo 7: La Mente Creativa

La creatività è una forza primordiale che risiede nel cuore dell'esperienza umana, un potente motore che ci spinge a esplorare, innovare e immaginare. In questo capitolo, ci immergeremo nella natura della creatività e dell'innovazione attraverso una lente psicologica e filosofica, esplorando i processi mentali che sottendono alla generazione di nuove idee e alla manifestazione dell'arte, della scienza e dell'innovazione.

La Fonte della Creatività: Nascita dell'Idea Creativa

La creatività nasce dall'incontro di molteplici influenze e fonti di ispirazione, un processo complesso che trae nutrimento dall'esperienza umana e dalla nostra capacità di percepire e interpretare il mondo che ci circonda. Attraverso la riflessione filosofica e psicologica, cerchiamo di gettare luce su questa fonte primordiale di creatività, esplorando le radici profonde dell'immaginazione e dell'innovazione.

La Psicologia della Creatività: I Processi Mentali dietro all'Innovazione

Ma quali sono i processi mentali che sottendono alla creatività? Questa è una domanda che ha affascinato psicologi e studiosi per secoli, spingendoci a esplorare i meandri della mente umana e i suoi intricati meccanismi. Attraverso studi di casi e ricerche empiriche, cerchiamo di gettare luce su questi processi, esaminando come la mente umana generi e sviluppi nuove idee e concetti. Dalle fasi iniziali di ispirazione e intuizione alla fase di elaborazione e realizzazione, attraverso la ricerca di soluzioni creative e l'innovazione, scopriamo i segreti della mente creativa e le sue infinite possibilità.

L'Arte della Creatività: Espressione e Innovazione

Ma la creatività non è solo un processo mentale; è anche un atto di espressione e innovazione che porta al manifestarsi di opere d'arte, invenzioni rivoluzionarie e idee visionarie. Attraverso esempi storici e studi contemporanei, esploriamo le molteplici forme che la creatività può assumere, dalle opere d'arte dei grandi maestri alle scoperte scientifiche di geni innovativi. Da Leonardo da Vinci a Steve Jobs, esploriamo le vite e le opere di coloro che hanno abbracciato il potere della creatività e lo hanno utilizzato per plasmare il mondo che ci circonda.

La Filosofia della Creatività: Esplorare le Frontiere dell'Immaginazione

Infine, ci troviamo di fronte alle domande filosofiche fondamentali sulla natura della creatività e il suo ruolo nell'esperienza umana. La citazione di Pablo Picasso, "Ogni bambino è un artista. Il problema è rimanere un artista quando si cresce", ci invita a riflettere sulla natura intrinseca della creatività nell'uomo e sulle sfide che dobbiamo affrontare nel mantenerla viva lungo il corso della nostra vita. Attraverso la riflessione filosofica, esploriamo le molteplici prospettive che l'umanità ha sviluppato nel corso dei millenni sulla natura e il significato della creatività, aprendo la porta a una ricca varietà di speculazioni e riflessioni.

Conclusione

In questo capitolo, abbiamo esplorato la natura della creatività e dell'innovazione attraverso una lente psicologica e filosofica, esaminando i processi mentali che sottendono alla generazione di nuove idee e alla manifestazione dell'arte, della scienza e dell'innovazione. Dalla fonte primordiale dell'idea creativa alla sua espressione in opere d'arte e invenzioni rivoluzionarie, abbiamo visto come la creatività sia una forza primordiale che risiede nel cuore dell'esperienza umana, una forza che ci spinge a esplorare, innovare e immaginare. Continua a leggere e preparati ad essere trasportato nelle profondità dell'infinita complessità della mente creativa, dove la meraviglia e l'ispirazione si intrecciano in una danza eterna.

Capitolo 8: Conoscenza e Ignoranza

Nel labirinto della conoscenza umana, ci troviamo costantemente di fronte a sfide e dilemmi che mettono alla prova la nostra comprensione del mondo che ci circonda. In questo capitolo, esamineremo il concetto di conoscenza e ignoranza, esplorando le sfide della nostra ricerca di verità nell'universo. Attraverso riflessioni filosofiche e studi di caso storici, cercheremo di gettare luce sui limiti della nostra comprensione e sulla natura dell'ignoranza umana.

La Sfida della Conoscenza: Navigare nel Mare dell'Incognita

La ricerca della conoscenza è una delle sfide più antiche e universali dell'umanità. Dall'alba della civiltà, l'umanità ha cercato di comprendere il mondo che la circonda, interrogandosi sulle leggi che governano l'universo e sul significato della vita stessa. Tuttavia, questa ricerca è spesso ostacolata dalle nostre stesse limitazioni cognitive e dalla complessità del mondo che ci circonda. Attraverso la riflessione filosofica, cerchiamo di gettare luce su questa sfida fondamentale, esplorando i modi in cui possiamo navigare nel mare dell'incognita e perseguire la ricerca della verità.

La Natura dell'Ignoranza: Esplorare i Limiti della Comprensione Umana

Ma cosa significa davvero essere ignoranti? Questa è una domanda che ci spinge a esplorare i limiti della nostra comprensione umana e la natura dell'ignoranza stessa. La citazione di Socrate, "So di non sapere nulla", ci invita a interrogarci sulla nostra conoscenza e consapevolezza delle nostre stesse limitazioni. Attraverso la riflessione filosofica, cerchiamo di gettare luce su questa questione fondamentale, esplorando i modi in cui possiamo superare l'ignoranza e perseguire la ricerca della conoscenza.

Le Illusioni della Conoscenza: Esplorare le Trappole della Certezza

Ma quanto della nostra conoscenza è davvero solida? Questa è una domanda che ci spinge a esplorare le molteplici illusioni della conoscenza umana e le trappole della certezza. Attraverso studi di caso storici e esempi contemporanei, cerchiamo di gettare luce su queste illusioni, esaminando i modi in cui la nostra percezione della realtà può essere distorta e ingannata dalle nostre stesse convinzioni e pregiudizi. Dalle teorie scientifiche obsolete alle credenze culturali radicate, esploriamo i modi in cui l'ignoranza può influenzare la nostra comprensione del mondo e ci impedisce di vedere la verità.

La Paradosso dell'Ignoranza Illuminata: La Consapevolezza della Nostra Ignoranza

Ma c'è una forma di ignoranza che può essere illuminante: l'ignoranza consapevole. Questo è il riconoscimento della nostra incapacità di sapere tutto e la consapevolezza dei limiti della nostra conoscenza. Attraverso la pratica della modestia intellettuale e dell'apertura mentale, possiamo abbracciare questa forma di ignoranza e utilizzarla come un motore per la nostra ricerca della verità. La consapevolezza della nostra ignoranza ci spinge a continuare a interrogarci, a esplorare e a cercare di comprendere il mondo che ci circonda in modo più profondo e significativo.

Conclusione

In questo capitolo, abbiamo esplorato il concetto di conoscenza e ignoranza, esaminando le sfide della nostra ricerca di verità nell'universo. Dalla natura dell'ignoranza umana alla consapevolezza della nostra incapacità di sapere tutto, abbiamo cercato di gettare luce sui limiti della nostra comprensione e sulla natura della conoscenza stessa. Continua a leggere e preparati ad essere trasportato nelle profondità dell'infinita complessità della ricerca della verità, dove la meraviglia e l'incertezza si intrecciano in una danza eterna.

Capitolo 9: La Bellezza dell'Arte

L'arte è un faro che illumina il cammino dell'umanità attraverso i secoli, una manifestazione del potere creativo dell'anima umana che ci spinge a esplorare l'universo interiore ed esteriore. In questo capitolo, celebreremo il potere dell'arte e della creatività umana nell'esplorare il mondo che ci circonda, attraverso esempi di arte, musica, letteratura e altro ancora. Attraverso la bellezza dell'arte, scopriamo come possiamo dare significato al mondo e alla nostra esistenza.

L'Espressione dell'Anima: Arte come Veicolo di Emozioni e Pensieri

L'arte è una forma di espressione umana che ci consente di comunicare emozioni, pensieri e idee in modo unico e potente. Attraverso la pittura, la scultura, la musica, la letteratura e altre forme di espressione artistica, diamo voce alle nostre esperienze più profonde e alle nostre visioni più intime del mondo. L'arte ci permette di esplorare il mondo interiore dell'anima umana, rivelando la bellezza e la complessità delle nostre emozioni e dei nostri pensieri.

La Meraviglia della Creatività: L'Arte come Atto di Innovazione e Scoperta

Ma l'arte non è solo un mezzo di espressione; è anche un atto di creatività e innovazione che ci permette di esplorare nuovi territori della mente e dell'anima. Attraverso l'arte, scopriamo nuove prospettive sul mondo e sulle nostre esperienze, aprendo la porta a una maggiore comprensione e consapevolezza di noi stessi e del mondo che ci circonda. L'arte ci invita a vedere il mondo attraverso gli occhi dell'artista, ad abbracciare la bellezza e la meraviglia che ci circondano ogni giorno.

L'Arte come Riflesso della Natura: Esplorare la Bellezza del Mondo Naturale

Una delle più grandi fonti di ispirazione per gli artisti di tutti i tempi è stata la bellezza del mondo naturale. Attraverso dipinti di paesaggi, sculture di animali e composizioni musicali ispirate alla natura, l'arte ci permette di esplorare la bellezza e la grandiosità del mondo che ci circonda. Dalle montagne imponenti agli oceani infiniti, dall'aurora boreale al delicato fiore che sboccia, l'arte ci invita a contemplare la bellezza e la perfezione della natura e a riconoscere il nostro posto all'interno di essa.

La Bellezza come Portale alla Trascendenza: L'Arte come Esperienza Spirituale

Ma l'arte è anche un portale alla trascendenza, un mezzo attraverso il quale possiamo connetterci con qualcosa di più grande di noi stessi. Attraverso la bellezza dell'arte, scopriamo l'infinito e l'eterno, il divino che risiede dentro di noi e intorno a noi. La citazione di Leonardo da Vinci, "La bellezza risiede negli occhi di chi guarda", ci invita a contemplare la bellezza come una manifestazione del divino che risiede dentro di noi e intorno a noi. L'arte ci permette di sperimentare l'unità e la connessione con l'universo, aprendo la porta a una profonda esperienza spirituale e trascendentale.

Conclusione

In questo capitolo, abbiamo esplorato la bellezza dell'arte e della creatività umana, celebrando il potere dell'arte nel dare significato al mondo e alla nostra esistenza.

Attraverso esempi di arte, musica, letteratura e altro ancora, abbiamo visto come l'arte ci permetta di esprimere le nostre emozioni e pensieri più profondi, di esplorare nuovi territori della mente e dell'anima e di connetterci con qualcosa di più grande di noi stessi. Continua a leggere e preparati ad essere trasportato nelle profondità dell'infinita bellezza dell'arte, dove la meraviglia e l'ispirazione si intrecciano in una danza eterna.

Capitolo 10: Il Potere della Compassione

Nel tessuto dell'universo e della mente umana, la compassione brilla come una stella luminosa, una forza trasformatrice che guida il nostro viaggio attraverso le profondità dell'esistenza. In questo capitolo, esploreremo il ruolo della compassione e dell'amore nel nostro viaggio attraverso l'universo e nella nostra comprensione della mente umana. Attraverso esempi di altruismo e solidarietà, scopriremo come la compassione possa essere una forza potente e trasformatrice nel mondo.

*La Natura della Compassione:
L'Espressione dell'Amore Universale*

La compassione è la capacità di comprendere e rispondere alle sofferenze degli altri con gentilezza e empatia. È un riflesso dell'amore universale che risiede nel cuore di ogni essere umano, una forza che ci connette con gli altri e con il mondo che ci circonda. Attraverso la pratica della compassione, possiamo aprire il nostro cuore agli altri e diffondere amore e gentilezza ovunque andiamo.

La Compassione come Forza Trasformatrice: Il Potere dell'Altruismo e della Solidarietà

Ma la compassione è più di un semplice sentimento; è anche una forza trasformatrice che può cambiare il mondo. Attraverso esempi di altruismo e solidarietà, vediamo come la compassione possa ispirare azioni di gentilezza e generosità che hanno un impatto duraturo sulle vite degli altri. Dalle piccole azioni di gentilezza quotidiana alle grandi iniziative di solidarietà sociale, la compassione ci mostra il potere dell'amore nel creare un mondo migliore per tutti.

La Compassione nella Pratica Spirituale: Il Cuore come Centro della Saggezza

Nelle tradizioni spirituali di tutto il mondo, la compassione è vista come un aspetto fondamentale della pratica spirituale. Attraverso la meditazione e la contemplazione, possiamo coltivare la compassione nel nostro cuore e diffondere amore e gentilezza in tutto il mondo. La citazione del Dalai Lama, "Il nostro vero viaggio nella vita è verso il basso, nel cuore", ci invita a esplorare il potere della compassione nel trasformare noi stessi e il mondo che ci circonda.

La Compassione come Cammino verso la Saggezza: Imparare dall'Esperienza degli Altri

Ma la compassione è anche un cammino verso la saggezza, un modo per imparare dagli altri e dalla loro esperienza. Attraverso l'ascolto empatico e la condivisione delle nostre storie, possiamo imparare a comprendere meglio le sfide e le sofferenze degli altri e a rispondere con compassione e gentilezza. In questo modo, la compassione diventa un ponte che ci unisce agli altri e ci permette di crescere insieme nell'amore e nella comprensione reciproca.

Conclusione

In questo capitolo, abbiamo esplorato il potere della compassione nel nostro viaggio attraverso l'universo e nella nostra comprensione della mente umana. Attraverso esempi di altruismo e solidarietà, abbiamo visto come la compassione possa essere una forza trasformatrice nel mondo, ispirando azioni di gentilezza e generosità che hanno un impatto duraturo sulle vite degli altri. Continua a leggere e preparati ad essere trasportato nelle profondità dell'infinita bellezza della compassione, dove l'amore e la gentilezza si intrecciano in una danza eterna.

Conclusione: Il Trionfo dell'Esplorazione

Nel corso del nostro viaggio attraverso le pagine di "Oltre l'Orizzonte: Un Viaggio nell'Infinito dell'Universo e della Mente", ci siamo immersi nelle profondità dell'esistenza umana e dell'universo che ci circonda. Attraverso riflessioni filosofiche, esplorazioni scientifiche e speculazioni spirituali, abbiamo cercato di gettare luce sui misteri più profondi della vita e dell'esistenza, esplorando l'infinito dell'universo e della mente umana.

Iniziando il nostro viaggio con un'occhiata alle meraviglie dell'universo esterno nel "Viaggio nell'Infinito Cosmico", abbiamo contemplato la vastità delle galassie lontane e dei buchi neri enigmatici, riflettendo sulla nostra posizione nel cosmo. Ci siamo poi spostati "Oltre il Tempo e lo Spazio", esplorando le implicazioni delle teorie della relatività e della fisica quantistica, che ci hanno mostrato come il tempo e lo spazio siano concetti relativi e fluidi, distorcendo la nostra percezione della realtà.

Nel capitolo "Profondità della Coscienza", ci siamo addentrati nelle profondità della mente umana, esplorando la natura dell'esperienza soggettiva e della coscienza stessa. Attraverso una combinazione di psicologia, neuroscienza e filosofia della mente, abbiamo cercato di comprendere i meandri della nostra coscienza e i suoi misteri più profondi.

Successivamente, nel capitolo "Realtà Virtuale e Illusioni Mentali", abbiamo indagato sulle possibilità della realtà virtuale e delle illusioni mentali, esplorando come la mente umana possa essere ingannata e manipolata. Attraverso esempi e studi di casi, abbiamo esplorato i confini della nostra percezione della realtà, rivelando quanto sia fragile e soggetta a distorsioni.

Proseguendo nel nostro viaggio, abbiamo esplorato le possibilità della vita extraterrestre e l'esplorazione degli esopianeti nel capitolo "Alla Ricerca della Vita Extraterrestre", aprendo la mente alla possibilità di forme di vita al di là del nostro pianeta Terra. Attraverso la ricerca astronomica e astrobiologica, abbiamo esplorato le condizioni necessarie per la vita nell'universo e le strategie per cercare segni di vita al di là della nostra Terra.

Nel capitolo successivo, "Misteri dell'Esistenza", ci siamo confrontati con le domande fondamentali sull'esistenza umana e il significato della vita. Attraverso una combinazione di riflessioni filosofiche e spirituali, abbiamo cercato di gettare luce sui misteri dell'esistenza e il nostro posto nell'universo, riconoscendo che molte domande rimangono senza risposta, ma che è nel cercare di rispondere che troviamo il significato.

In "La Mente Creativa", abbiamo esplorato la natura della creatività e dell'innovazione attraverso una lente psicologica e filosofica, esaminando i processi mentali che sottendono alla generazione di nuove idee e alla manifestazione dell'arte, della scienza e dell'innovazione. Abbiamo riconosciuto la creatività come una forza primordiale che risiede nel cuore dell'esperienza umana, una forza che ci spinge a esplorare, innovare e immaginare.

Successivamente, nel capitolo "Conoscenza e Ignoranza", abbiamo esplorato il concetto di conoscenza e ignoranza, esaminando le sfide della nostra ricerca di verità nell'universo. Attraverso riflessioni filosofiche e studi di caso storici, abbiamo gettato luce sui limiti della nostra comprensione e sulla natura dell'ignoranza umana, riconoscendo l'umiltà necessaria nel riconoscere la nostra limitata comprensione del mondo.

Nel capitolo "La Bellezza dell'Arte", abbiamo celebrato il potere dell'arte e della creatività umana nell'esplorare l'universo interiore ed esteriore. Attraverso esempi di arte, musica, letteratura e altro ancora, abbiamo esplorato il modo in cui l'arte ci aiuta a dare significato al mondo che ci circonda, riconoscendo la bellezza come un ponte che unisce gli esseri umani e il divino.

Infine, nel capitolo "Il Potere della Compassione", abbiamo esaminato il ruolo della compassione e dell'amore nel nostro viaggio attraverso l'universo e nella nostra comprensione della mente

 umana. Attraverso esempi di altruismo e solidarietà, abbiamo visto come la compassione possa essere una forza trasformatrice nel mondo, ispirando azioni di gentilezza e generosità che hanno un impatto duraturo sulle vite degli altri.

In ogni capitolo, abbiamo cercato di gettare luce sui misteri dell'esistenza e della mente umana, esplorando le profondità dell'universo e della nostra stessa coscienza. Siamo stati trasportati attraverso le meraviglie della scienza, della filosofia e della spiritualità, alla ricerca di risposte e significato nel vasto oceano dell'esistenza.

Come concludiamo questo viaggio, possiamo riflettere sulle scoperte e le esperienze condivise, riconoscendo che il viaggio della conoscenza è infinito e che la bellezza e la saggezza risiedono nelle domande più profonde che ci spingono a esplorare, a cercare e a crescere. Possiamo prendere ispirazione dalle parole di Albert Einstein: "Il più bello e profondo viaggio è quello che intraprendiamo nel cuore".

Che questo viaggio abbia acceso una fiamma nella vostra mente e nel vostro cuore, portandovi avanti con curiosità, compassione e gratitudine per l'infinita bellezza e mistero dell'universo e della mente umana. E che possiate continuare a esplorare, a scoprire e a celebrare il miracolo dell'esistenza con ogni passo che fate.

Oltre l'Orizzonte
Un Viaggio nell'Infinito dell'Universo e della Mente
Eng. Das Warhe

Eng. Das Warhe, 2024
Tutti i diritti riservati.
E' consentita la riproduzione solo ai fini didattici e non commerciali, a condizione che venga citata la fonte
Aprile 2024

V.A.S. Editore

www.ingramcontent.com/pod-product-compliance
Lightning Source LLC
Chambersburg PA
CBHW070212230526
45471CB00002B/927